Abdelhafid Mimouni

Macrófagos e óxido nítrico: decifração bioinorgânica

Abdelhafid Mimouni

Macrófagos e óxido nítrico: decifração bioinorgânica

ScienciaScripts

Imprint

Any brand names and product names mentioned in this book are subject to trademark, brand or patent protection and are trademarks or registered trademarks of their respective holders. The use of brand names, product names, common names, trade names, product descriptions etc. even without a particular marking in this work is in no way to be construed to mean that such names may be regarded as unrestricted in respect of trademark and brand protection legislation and could thus be used by anyone.

Cover image: www.ingimage.com

This book is a translation from the original published under ISBN 978-620-6-71171-1.

Publisher:
Sciencia Scripts
is a trademark of
Dodo Books Indian Ocean Ltd. and OmniScriptum S.R.L publishing group

120 High Road, East Finchley, London, N2 9ED, United Kingdom
Str. Armeneasca 28/1, office 1, Chisinau MD-2012, Republic of Moldova, Europe
Printed at: see last page
ISBN: 978-620-7-84880-5

"Macrófagos e óxido nítrico: decifração bioinorgânica".

Autor: O Dr. Abdelhafid Mimouni é um investigador independente especializado na química de sistemas bioinorgânicos, com uma vasta experiência na síntese e caraterização macromoleculares. Obteve o seu doutoramento em química pela Universidade de Paris XII em 1997 e um Diplôme des Etudes Approfondies des systèmes bioinorganiques pela Universidade de Paris XI em 1993.

Resumo:

Este livro oferece uma exploração aprofundada do papel crucial dos macrófagos no sistema imunitário e da sua complexa interação com compostos inorgânicos. Depois de fornecer um contexto geral sobre macrófagos, mergulha nos fundamentos da bioinorgânica, delineando os principais conceitos e técnicas utilizados neste domínio em rápida evolução.

A exploração das interacções bioinorgânicas nos macrófagos lança luz sobre os mecanismos de absorção dos iões metálicos, o seu papel nos processos celulares e o impacto das nanopartículas inorgânicas. É dada especial atenção à função do óxido nítrico (NO) na atividade dos macrófagos, com as suas implicações e desafios terapêuticos.

Centrando-se em aplicações médicas inovadoras, o livro explora estratégias para atingir os macrófagos no tratamento de doenças inflamatórias e novas abordagens para modular a sua atividade na terapia celular. Em conclusão, o livro destaca a importância crescente da bioinorgânica na compreensão dos macrófagos e oferece perspectivas promissoras para a investigação futura.

Introdução

Nesta introdução, discutiremos o contexto geral dos macrófagos, a sua importância no sistema imunitário e o papel crucial da bioinorgânica no estudo aprofundado destas células imunitárias. Apresentaremos também os objectivos deste livro e a estrutura que orientará a sua leitura.

A. Contexto geral dos macrófagos

Os macrófagos, membros essenciais do sistema imunitário, desempenham um papel vital na defesa do organismo contra agentes patogénicos, na regulação da inflamação e na cicatrização dos tecidos. Estas células imunitárias especializadas estão presentes em todos os tecidos do corpo, onde monitorizam constantemente e participam ativamente na resposta imunitária inata e adaptativa.

B. Importância dos bioinorgânicos no estudo dos macrófagos

A bioinorgânica é um ramo interdisciplinar da ciência que examina as interacções entre os organismos vivos e os compostos inorgânicos, incluindo os metais. No contexto dos macrófagos, a bioinorgânica é particularmente importante para compreender como estas células interagem com iões metálicos e nanopartículas inorgânicas, e como estas interacções modulam a sua função e resposta imunitária.

C. Objectivos e estrutura do livro

Os objectivos deste livro são proporcionar uma compreensão aprofundada das interacções bioinorgânicas dos macrófagos, destacando os mecanismos de absorção e transporte de iões metálicos, o papel crucial dos iões metálicos nos processos celulares dos macrófagos e o impacto das nanopartículas inorgânicas nestas células imunitárias. A estrutura do livro seguirá esta progressão temática, explorando cada aspeto em pormenor para fornecer uma panorâmica abrangente desta área de investigação em rápida expansão.

Em suma, este livro visa preencher uma lacuna na literatura, fornecendo uma análise aprofundada das interacções bioinorgânicas dos macrófagos, ao mesmo tempo que destaca a sua importância na saúde e na doença.

Capítulo 1: Fundamentos da bioinorgânica

A bioinorgânica, um campo interdisciplinar na interface entre a química inorgânica e a biologia, estuda as interacções complexas entre metais e sistemas biológicos. Este capítulo explora em profundidade os fundamentos da bioinorgânica, destacando conceitos-chave, exemplos de metaloproteínas e técnicas de caraterização utilizadas neste domínio, bem como as suas aplicações na investigação biomédica.

A. Definição e conceitos-chave da bioinorgânica.

A bioinorgânica centra-se no estudo dos metais em sistemas biológicos, destacando o seu papel nos processos celulares e nas interacções com biomoléculas. As metaloproteínas, constituídas por iões metálicos integrados na sua estrutura, são os principais intervenientes nesta disciplina. Os conceitos-chave incluem :

- **Metaloproteínas**: Estas proteínas complexas contêm iões metálicos que são essenciais para a sua função biológica. Por exemplo, a catalase, uma metaloproteína que contém ferro, desempenha um papel crucial na decomposição do peróxido de hidrogénio em água e oxigénio, ajudando assim a defender contra o stress oxidativo.

- **Cofactores metálicos**: Os cofactores metálicos são iões metálicos ou aglomerados metálicos que interagem com proteínas para catalisar reacções químicas. Os citocromos, proteínas envolvidas no transporte de electrões, são exemplos de proteínas com cofactores metálicos, como o ferro ou o cobre.

- **Homeostasia dos metais**: A homeostasia dos metais refere-se à manutenção de concentrações adequadas de metais nas células e nos tecidos para garantir o funcionamento ótimo dos processos biológicos. Os macrófagos, entre outras células, são essenciais neste processo, regulando a absorção, o armazenamento e a distribuição dos metais no organismo.

B. Técnicas e instrumentos utilizados em bioinorgânica.

Para estudar as interacções entre metais e biomoléculas e para compreender a estrutura e a função das metaloproteínas, a bioinorgânica utiliza uma série de técnicas avançadas de caraterização, incluindo :

- **RMN** (Ressonância Magnética Nuclear): Esta técnica é utilizada para analisar a estrutura tridimensional das proteínas e dos complexos metálicos, fornecendo informações detalhadas sobre as interacções metal-proteína e as conformações moleculares.

- **EXAFS** (Espectroscopia de Absorção de Raios X Alargada): A EXAFS fornece dados sobre a coordenação e o ambiente local dos iões metálicos nas proteínas, permitindo a determinação da sua estrutura e função com grande precisão.

-      **EPR** (Ressonância Paramagnética Eletrónica): Esta técnica espectroscópica é utilizada para estudar espécies paramagnéticas, tais como iões metálicos não emparelhados, fornecendo informações sobre os centros activos de metaloenzimas e metaloproteínas.

C. Aplicações da bioinorgânica na investigação biomédica.

A bioinorgânica oferece perspectivas inovadoras no domínio da investigação biomédica, com diversas aplicações, tais como :

-Conceção de medicamentos : Ao compreender as interacções metal-proteína, a bioinorgânica contribui para a conceção de medicamentos que visam especificamente as enzimas metaloproteicas envolvidas em várias doenças, como o cancro e as doenças neurodegenerativas.

-Diagnóstico médico : As técnicas bioinorgânicas são utilizadas para desenvolver agentes de contraste para imagiologia médica, permitindo a deteção precoce e a monitorização de doenças como os tumores e as doenças cardiovasculares.

-Terapias de quelação : A Bioinorganics está a contribuir para o desenvolvimento de terapias de quelação destinadas a eliminar metais tóxicos do organismo, oferecendo opções de tratamento para o envenenamento por metais e doenças associadas à acumulação excessiva de metais.

Em suma, a bioinorgânica é uma área dinâmica e crucial da investigação biomédica, oferecendo ferramentas e conceitos valiosos para a compreensão das interacções complexas entre metais e sistemas biológicos e para o desenvolvimento de novas estratégias terapêuticas e de diagnóstico.

Capítulo 2. Macrófagos: uma visão geral

Os macrófagos são o pilar do sistema imunitário, desempenhando um papel multifuncional na deteção, fagocitose e eliminação de agentes patogénicos, bem como na regulação da inflamação e na modulação da resposta imunitária. Este capítulo fornece uma exploração aprofundada dos macrófagos, destacando a sua anatomia, função e variabilidade em diferentes contextos patológicos.

A. Introdução aos macrófagos: papéis e funções.

Os macrófagos, derivados da diferenciação de monócitos circulantes, são células imunitárias omnipresentes em todos os tecidos do corpo. O seu principal papel é a fagocitose, um processo dinâmico através do qual ingerem e degradam agentes patogénicos, células mortas e detritos celulares. Equipados com receptores de reconhecimento de padrões moleculares (PRRs), os macrófagos são capazes de detetar uma vasta gama de agentes patogénicos e desencadear uma resposta imunitária adequada. Para além da sua função fagocítica, os macrófagos estão também envolvidos na apresentação de antigénios aos linfócitos T, na produção de citocinas inflamatórias e na regulação da inflamação.

B. Importância dos macrófagos no sistema imunitário.

Os macrófagos são intervenientes cruciais no sistema imunitário, monitorizando constantemente o seu ambiente em busca de sinais de infeção, trauma ou desequilíbrio homeostático. A sua plasticidade funcional permite-lhes adaptarem-se às necessidades variáveis do organismo, polarizando-se em diferentes fenótipos em resposta a estímulos específicos. Por exemplo, a polarização M1 favorece uma resposta imunitária pró-inflamatória, enquanto a polarização M2 está associada a uma resposta anti-inflamatória e à resolução de processos inflamatórios. Esta capacidade de modular o seu fenótipo funcional confere aos macrófagos uma versatilidade notável na resposta imunitária inata e adaptativa.

C. Variações e tipos de macrófagos em diferentes contextos patológicos.

Os macrófagos apresentam uma grande diversidade morfológica e funcional, reflectindo a sua adaptação aos requisitos específicos do seu tecido e microambiente patológico. Em termos de tamanho, os macrófagos podem variar de alguns micrómetros a várias dezenas de micrómetros, dependendo do seu estado de ativação e da localização no tecido. Por exemplo, os macrófagos residentes nos tecidos, como os macrófagos alveolares nos pulmões ou as células de Kupffer no fígado, tendem a ser maiores e mais ramificados do que os macrófagos circulantes ou imaturos. Além disso, em contextos patológicos como a inflamação crónica, as doenças auto-imunes ou os tumores, os macrófagos podem sofrer alterações fenotípicas e funcionais, contribuindo para a progressão da doença.

Em suma, os macrófagos são um elo essencial do sistema imunitário, orquestrando uma resposta adaptativa dinâmica a desafios microbianos e tecidulares. A sua capacidade de se adaptarem a uma variedade de ambientes e de modularem a sua função em resposta a sinais específicos torna-os alvos potenciais para o desenvolvimento de terapias inovadoras e direccionadas para o tratamento de doenças inflamatórias, infecciosas e neoplásicas.

Capítulo 3. Interacções bioinorgânicas dos macrófagos.

Os macrófagos, como componentes-chave do sistema imunitário, interagem com vários elementos inorgânicos e moléculas bioactivas para desempenharem as suas funções essenciais. Neste capítulo, examinaremos em pormenor as interacções bioinorgânicas dos macrófagos, com especial ênfase no papel crucial do óxido nítrico (NO) na sua atividade antimicrobiana.

A. Mecanismos de absorção e transporte de iões metálicos pelos macrófagos :

Os macrófagos possuem mecanismos sofisticados para absorver e transportar iões metálicos, como o ferro, o zinco e o cobre, que são essenciais para o seu funcionamento ótimo. Estes processos são finamente regulados para manter a homeostasia dos metais, respondendo simultaneamente às necessidades fisiológicas e aos estímulos ambientais.

Vamos explorar em pormenor a forma como os macrófagos asseguram a homeostasia dos metais pesados, destacando os mecanismos específicos envolvidos na absorção e transporte destes iões essenciais:

Os macrófagos, enquanto componentes-chave do sistema imunitário, desempenham um papel crucial na manutenção da homeostase dos metais pesados, como o ferro, o zinco, o cobre e o manganésio. Estes metais são essenciais para muitas funções biológicas, incluindo a regulação enzimática, a sinalização celular e a resposta imunitária. Os macrófagos possuem mecanismos sofisticados para absorver e transportar estes iões metálicos, assegurando o funcionamento ótimo do organismo.

1 **Ferro**: Os macrófagos desempenham um papel central no metabolismo do ferro, capturando o ferro livre que circula no plasma e reciclando o ferro dos glóbulos vermelhos envelhecidos. Esta captação de ferro é mediada pela transferrina e pelo seu recetor, o recetor 1 da transferrina (TfR1), presente na superfície dos macrófagos. Uma vez no interior da célula, o ferro é armazenado sob a forma de ferritina ou utilizado para funções biológicas como a síntese do heme.

2. **Zinco**: O zinco é um cofator essencial para muitas enzimas e proteínas envolvidas em vários processos celulares, incluindo a resposta imunitária. Os macrófagos regulam a absorção de zinco através de transportadores específicos, como o transportador Zrt-Irt-like protein (ZIP) para a importação de zinco e o transportador de sequestro de zinco (ZnT) para a exportação de zinco para fora da célula ou para compartimentos intracelulares.

3. **cobre** : O cobre é um micronutriente crucial para a função enzimática e a biogénese mitocondrial. Os macrófagos regulam a absorção e o transporte do cobre através de proteínas especializadas,

como o transportador de cobre 1 (CTR1) para a importação de cobre e a proteína de transporte ATPase do tipo P ATP7A para o sequestro e a excreção do cobre.

4   Manganês: O manganês está envolvido em muitos processos biológicos, incluindo a defesa antioxidante e a regulação enzimática. Os macrófagos mantêm a homeostase do manganês regulando a sua absorção e distribuição intracelular, embora os mecanismos exactos não sejam totalmente compreendidos e exijam mais investigação.

Em resumo, os macrófagos desempenham um papel crucial na homeostase dos metais pesados, regulando a absorção, o transporte e a distribuição intracelular de ferro, zinco, cobre e manganês. Estes processos são essenciais para que o organismo funcione de forma óptima e mantenha uma resposta imunitária eficaz contra os agentes patogénicos.

B. Papel dos iões metálicos nos processos celulares dos macrófagos

Os iões metálicos actuam como cofactores de muitas enzimas e proteínas envolvidas nos processos celulares dos macrófagos, como a fagocitose, a produção de citocinas e a geração de radicais livres. A sua disponibilidade e distribuição intracelular influenciam diretamente a resposta imunitária e inflamatória dos macrófagos.

C. Impacto das nanopartículas inorgânicas nos macrófagos

As nanopartículas inorgânicas são cada vez mais utilizadas na medicina e na biologia para uma variedade de aplicações, incluindo a seleção de macrófagos para o tratamento de doenças inflamatórias e infecciosas. As suas interacções com os macrófagos podem modular a sua ativação, polarização e função, proporcionando oportunidades para o desenvolvimento de novas terapias.

D. Função do óxido nítrico (NO) na atividade dos macrófagos

1   Produção de NO pelos macrófagos em resposta a agentes patogénicos: Os macrófagos são capazes de sintetizar grandes quantidades de óxido nítrico (NO) em resposta a vários estímulos, tais como agentes patogénicos, citocinas inflamatórias e substâncias químicas. Esta produção de NO é principalmente catalisada pela enzima induzível óxido nítrico sintase (iNOS) e desempenha um papel central na resposta imunitária contra as infecções.

2   Mecanismos de ação do NO na destruição dos agentes patogénicos: O NO exerce os seus efeitos antimicrobianos perturbando os processos celulares essenciais dos agentes patogénicos, como a função mitocondrial, a síntese do ADN e a

regulação do stress oxidativo. Pode também modular a atividade de enzimas envolvidas na sinalização celular e na resposta imunitária dos macrófagos.

3   Consequências do excesso de NO no organismo: Embora o NO seja essencial para a defesa antimicrobiana, a produção excessiva de NO pode conduzir a efeitos secundários indesejáveis, como o stress oxidativo, a citotoxicidade celular e a disfunção endotelial. Estes efeitos podem contribuir para a patogénese de várias doenças inflamatórias e cardiovasculares.

4)   Papel dos bioinorgânicos na regulação da produção de NO e na prevenção dos efeitos secundários: Os bioinorgânicos oferecem novas abordagens para modular a produção de NO pelos macrófagos e atenuar os seus efeitos secundários indesejáveis. Tal pode incluir a utilização de ligandos quelantes para regular a libertação de NO, o desenvolvimento de nanopartículas funcionalizadas para atingir seletivamente os macrófagos e a conceção de compostos miméticos do NO para preservar os seus efeitos benéficos, reduzindo simultaneamente a sua toxicidade.

Em resumo, a compreensão das interacções bioinorgânicas dos macrófagos, em particular o seu papel na produção e nos efeitos do NO, é essencial para o desenvolvimento de estratégias terapêuticas eficazes contra doenças infecciosas e inflamatórias. Este capítulo explora os mecanismos subjacentes a estas interacções e discute as

implicações para a investigação e o desenvolvimento de novos

tratamentos.

Capítulo 4. Aplicações terapêuticas inovadoras

Nesta secção, abordamos as aplicações inovadoras da bioinorgânica no domínio médico, destacando as estratégias emergentes para visar especificamente os macrófagos e modular a sua atividade, nomeadamente no que diz respeito à regulação da produção de NO.

Enquanto guardiães da homeostase dos tecidos e principais intervenientes na resposta imunitária, os macrófagos desempenham um papel central no sistema imunitário. No entanto, a ativação excessiva dos macrófagos pode levar a distúrbios inflamatórios e doenças auto-imunes. Neste contexto, a modulação da atividade dos macrófagos está a emergir como uma estratégia terapêutica promissora.

A. Estratégias para o tratamento de macrófagos no tratamento de doenças inflamatórias :

As doenças inflamatórias, como a artrite reumatoide e a doença de Crohn, resultam frequentemente de uma ativação excessiva do sistema imunitário, conduzindo a uma inflamação crónica e a danos nos tecidos. Os macrófagos, enquanto mediadores-chave da resposta imunitária, desempenham um papel central nestes processos inflamatórios. O direcionamento específico dos macrófagos representa, portanto, uma estratégia terapêutica promissora para modular a inflamação e aliviar os sintomas das doenças inflamatórias.

Os recentes avanços no domínio da bioinorgânica conduziram ao desenvolvimento de estratégias inovadoras para o tratamento de macrófagos. Uma abordagem promissora consiste em conceber nanopartículas funcionalizadas capazes de visar seletivamente receptores expressos por macrófagos activados em tecidos inflamatórios. Estas nanopartículas podem ser concebidas com uma superfície modificada para interagir especificamente com receptores na membrana dos macrófagos, permitindo-lhes acumular-se preferencialmente nos locais de inflamação.

Uma vez direccionadas para macrófagos activados em tecidos inflamatórios, estas nanopartículas podem exercer uma variedade de acções terapêuticas para atenuar a inflamação e restaurar a homeostase dos tecidos. Por exemplo, podem ser carregadas com agentes anti-inflamatórios ou inibidores de sinalização específicos para modular a ativação dos macrófagos e reduzir a produção de NO, um mediador-chave da inflamação. Desta forma, estas nanopartículas funcionalizadas actuam como "vectores terapêuticos", permitindo a administração precisa e controlada de medicamentos nos locais de inflamação, minimizando assim os efeitos secundários sistémicos.

Esta abordagem tem várias vantagens potenciais. Em primeiro lugar, ao visar especificamente os macrófagos activados nos tecidos inflamatórios, permite que as terapias anti-inflamatórias sejam administradas de forma mais eficaz, reduzindo assim as doses necessárias e os efeitos adversos associados. Além disso, ao modular seletivamente a ativação dos macrófagos e a produção de NO, pode oferecer uma abordagem mais precisa e personalizada para o tratamento de doenças inflamatórias, melhorando assim os resultados clínicos para os doentes.

No entanto, apesar do seu potencial promissor, esta abordagem também levanta desafios. Por exemplo, a complexidade das interacções entre os macrófagos e o seu microambiente inflamatório pode dificultar a conceção de nanopartículas capazes de visar especificamente os macrófagos activados, evitando simultaneamente outras células presentes nos tecidos inflamatórios. Além disso, são necessários estudos aprofundados para avaliar a eficácia e a segurança destas abordagens em modelos pré-clínicos e clínicos de doenças inflamatórias.

Em conclusão, a seleção específica de macrófagos utilizando nanopartículas funcionalizadas representa uma estratégia promissora para o tratamento de doenças inflamatórias. Ao explorar os avanços da bioinorgânica, esta abordagem oferece novas possibilidades para modular seletivamente a ativação dos macrófagos e atenuar a inflamação, abrindo caminho a terapias mais eficazes e mais bem toleradas para os doentes que sofrem de doenças inflamatórias.

B. Abordagens inovadoras para modular a atividade dos macrófagos na terapia celular:

No domínio da terapia celular, a utilização de bioinorgânicos abre caminho a estratégias inovadoras de regulação da atividade dos macrófagos, oferecendo novas perspectivas para o tratamento de doenças, nomeadamente do cancro.

Enquanto componentes essenciais do microambiente tumoral, os macrófagos desempenham um papel complexo na progressão do cancro e na resposta imunitária ao mesmo. A sua plasticidade funcional permite-lhes exercer tanto efeitos pró-tumorais como anti-tumorais, dependendo da sua ativação e polarização no contexto específico do cancro.

Uma abordagem promissora é a utilização de nanomateriais funcionalizados para administrar seletivamente fármacos ou agentes terapêuticos a macrófagos no microambiente tumoral. Estes nanomateriais podem ser concebidos para visar especificamente marcadores expressos por macrófagos tumorais, permitindo a administração precisa de terapias no interior do tumor.

Uma vez internalizados pelos macrófagos, estes agentes terapêuticos podem modular a sua ativação e função, influenciando assim o seu comportamento no microambiente tumoral. Por exemplo, certos fármacos podem promover a polarização dos macrófagos para um fenótipo anti-tumoral, reforçando assim a resposta imunitária contra o tumor. Outros agentes podem inibir a produção de NO pelos macrófagos activados, limitando assim a sua capacidade de promover o crescimento do tumor e a progressão metastática.

Esta abordagem tem várias vantagens potenciais. Em primeiro lugar, ao visar especificamente os macrófagos tumorais, permite uma administração mais eficaz das terapêuticas no interior do tumor, reduzindo assim os efeitos adversos nos tecidos saudáveis. Além disso, ao modular a atividade dos macrófagos, pode aumentar a eficácia dos tratamentos convencionais, como a quimioterapia ou a imunoterapia, melhorando assim os resultados clínicos dos doentes com cancro.

No entanto, apesar do seu potencial promissor, esta abordagem continua a apresentar desafios. Por exemplo, a complexidade do microambiente tumoral e a plasticidade dos macrófagos podem dificultar a conceção de nanomateriais capazes de visar especificamente os macrófagos tumorais, evitando simultaneamente outras células presentes no tumor. Além disso, são necessários estudos exaustivos para avaliar a eficácia e a segurança destas abordagens em modelos pré-clínicos e clínicos.

Em conclusão, as abordagens baseadas em bioinorgânicos para modular a atividade dos macrófagos na terapia celular representam uma via promissora para o tratamento do cancro e de outras doenças. Ao explorar a plasticidade funcional dos macrófagos e ao utilizar nanomateriais funcionalizados para administrar seletivamente terapias no interior do tumor, estas abordagens oferecem novas possibilidades de melhorar a eficácia do tratamento e os resultados clínicos para os doentes.

C. Perspectivas e desafios futuros :

Apesar dos avanços significativos, continuam a existir desafios no desenvolvimento de terapias direccionadas para os macrófagos e para a regulação da produção de NO. São necessários mais estudos para compreender melhor os mecanismos subjacentes à ativação dos macrófagos e à produção de NO, bem como para desenvolver abordagens mais precisas e seguras. No entanto, os rápidos avanços no domínio da bioinorgânica oferecem oportunidades sem precedentes para o desenvolvimento de terapias inovadoras e personalizadas para o tratamento de doenças inflamatórias, infecciosas e cancerosas.

Capítulo 5: Regulação do óxido nítrico (NO) pelos macrófagos durante infecções bacterianas graves.

Introdução

Os macrófagos são intervenientes fundamentais na resposta imunitária inata, desempenhando um papel essencial na deteção e eliminação de agentes patogénicos, incluindo bactérias. Quando activados por sinais de agentes patogénicos ou de células imunitárias, os macrófagos podem produzir óxido nítrico (NO) através da enzima óxido nítrico sintase (NOS). Embora o NO seja um agente antimicrobiano eficaz, a sua produção excessiva pode ter consequências prejudiciais durante infecções bacterianas graves.

Efeitos vasodilatadores e cardiovasculares

Uma das principais consequências da sobreprodução de NO é a sua capacidade de induzir uma vasodilatação generalizada. Em caso de infeção bacteriana grave, esta vasodilatação pode levar a hipotensão grave, comprometendo a perfusão tecidual e levando ao desenvolvimento de choque sético. Além disso, a vasodilatação pode promover o extravasamento capilar, agravando o edema e a disfunção cardiovascular.

Efeitos neurológicos

Para além dos seus efeitos na corrente sanguínea, o NO pode atravessar a barreira hemato-encefálica e afetar o sistema nervoso central. A produção excessiva de NO durante uma infeção bacteriana grave pode levar a efeitos neurológicos adversos, tais como alterações da consciência, alucinações e outras manifestações neurológicas. Estes efeitos podem ter um impacto significativo no prognóstico e no tratamento de doentes com sépsis ou outras infecções graves.

Mecanismos de regulação

Para evitar estes efeitos indesejáveis, a produção de NO pelos macrófagos é regulada de forma complexa. Vários mecanismos estão envolvidos nesta regulação, incluindo a modulação da atividade da NOS por factores celulares e moleculares, a regulação dos níveis de L-arginina e de outros substratos necessários para a síntese de NO, e a coordenação com outras células imunitárias para controlar a resposta inflamatória.

Terapias e perspectivas

Dadas as implicações clínicas da sobreprodução de NO em infecções bacterianas graves, estão a ser exploradas várias abordagens terapêuticas. Estas incluem a utilização de inibidores da NOS para reduzir a produção de NO, bem como o desenvolvimento de terapias específicas destinadas a modular seletivamente a resposta inflamatória sem comprometer a eficácia da resposta imunitária.

Prevenir efeitos nocivos: The Crucial Importance of Early Antibiotic Treatment of Bacterial Infections" (A importância crucial do tratamento precoce das infecções bacterianas com antibióticos).

Este subtítulo sublinha a importância vital do tratamento imediato das infecções bacterianas para minimizar as consequências potencialmente graves da sobreprodução de NO pelos macrófagos. Ao realçar esta necessidade, o leitor é sensibilizado para a urgência de uma intervenção médica adequada para mitigar os efeitos adversos do NO e melhorar os resultados clínicos dos doentes infectados.

Em conclusão, a regulação do NO pelos macrófagos durante infecções bacterianas graves é um processo crucial para manter o equilíbrio entre uma resposta imunitária eficaz e a prevenção de efeitos adversos associados à produção excessiva de NO. Uma melhor compreensão destes mecanismos pode abrir novas vias terapêuticas para o tratamento de doentes que sofrem de sépsis e outras infecções graves.

Conclusão

A bioinorgânica está a emergir como uma disciplina crucial na investigação biomédica, abrindo perspectivas inovadoras para compreender e influenciar a atividade dos macrófagos em várias condições patológicas. Graças a avanços tecnológicos notáveis, como a conceção de nanomateriais funcionalizados e a manipulação genética orientada, somos agora capazes de visar seletivamente os macrófagos e regular a sua resposta imunitária.

Se concentrarmos os nossos esforços em visar com precisão os receptores e as vias de sinalização responsáveis pela ativação dos macrófagos, poderemos reduzir a inflamação excessiva associada a muitas doenças inflamatórias. Do mesmo modo, modulando a polarização dos macrófagos e a sua produção de NO, poderíamos aumentar a sua eficácia no combate às células tumorais, abrindo novas vias no tratamento do cancro.

No entanto, apesar dos progressos consideráveis registados, continuam a existir desafios. É essencial prosseguir os nossos esforços para compreender melhor os mecanismos subjacentes à ativação dos macrófagos e à produção de NO, e para desenvolver abordagens mais precisas e seguras. Além disso, é imperativo explorar as interacções complexas entre os macrófagos e o seu microambiente, a fim de conceber estratégias terapêuticas eficazes e sustentáveis.

Nesta perspetiva, os rápidos progressos da bioinorgânica estão a abrir portas a tratamentos mais personalizados e inovadores, oferecendo esperança a milhões de pessoas afectadas por doenças inflamatórias, infecciosas e cancerígenas. Combinando o nosso conhecimento da bioinorgânica com os avanços da medicina translacional, estamos prestes a transformar radicalmente a nossa abordagem da saúde humana.

Como tal, a bioinorgânica representa muito mais do que uma mera disciplina científica: é uma porta de entrada para um futuro em que as terapias adaptadas e as intervenções direccionadas são a norma, oferecendo uma nova esperança aos que lutam contra as doenças mais debilitantes. Nesta era de descobertas sem precedentes, a bioinorgânica desempenhará um papel central na criação de um mundo onde a saúde é acessível a todos.

Léxico

-Catalase   : enzima presente nas células vivas que decompõe o peróxido de hidrogénio em água e oxigénio.

Citocromos: Proteínas contendo ferro que desempenham um papel crucial no transporte de electrões e na biossíntese do heme.

-Metaloproteases : Enzimas que contêm iões metálicos no seu sítio ativo e estão envolvidas na degradação de proteínas da matriz extracelular.

-SOD   (Superóxido dismutase): Uma enzima que catalisa a dismutação do superóxido em oxigénio molecular e peróxido de hidrogénio.

-Fagocitose : Processo pelo qual as células, como os macrófagos, ingerem e degradam partículas estranhas, como bactérias, células mortas ou detritos celulares.

-Plasticidade funcional : A capacidade das células, como os macrófagos, de modular o seu fenótipo e função em resposta a sinais específicos do seu ambiente.

-Polarização M1/M2   : estados funcionais distintos dos macrófagos, em que a polarização M1 está associada a uma resposta imunitária pró-inflamatória e ao controlo da infeção, enquanto a polarização M2 está ligada a uma resposta anti-inflamatória, à reparação dos tecidos e à resolução da inflamação.

-Fagocitose : Processo pelo qual as células, como os macrófagos, ingerem e degradam partículas estranhas, como bactérias, células mortas ou detritos celulares.

-Plasticidade funcional : Capacidade das células de modularem o seu fenótipo e a sua função em resposta a sinais específicos do seu ambiente.

-Polarização M1/M2 : estados funcionais distintos dos macrófagos, em que a polarização M1 está associada a uma resposta imunitária pró-inflamatória e a polarização M2 a uma resposta anti-inflamatória e à resolução de processos inflamatórios.

-Transferrina : Proteína plasmática que se liga ao ferro e transporta o ferro circulante no sangue para as células através do seu recetor específico, o recetor 1 da transferrina (TfR1).

-ZIP (Zrt-Irt-like protein): Uma família de transportadores de membrana envolvidos na importação de zinco para as células.

-ZnT (Transportador de zinco) : Uma família de transportadores de membrana envolvidos na exportação de zinco para fora das células ou para compartimentos intracelulares.

-CTR1   (Transportador de cobre 1): Um transportador de membrana envolvido na importação de cobre para as células.

-ATP7A: Uma proteína de transporte ATPase do tipo P envolvida no sequestro e excreção de cobre.

-Homeostase dos metais : A manutenção de concentrações adequadas de metais no organismo para apoiar as funções biológicas normais, evitando excessos ou deficiências.

-Bioinorgânica   : Disciplina científica que estuda as interacções entre substâncias inorgânicas e organismos vivos.

-Macrófagos   : Células imunitárias especializadas na fagocitose e na regulação da resposta imunitária.

-Nanomateriais funcionalizados   : Materiais à escala nanométrica que foram modificados para terem propriedades específicas em função da sua aplicação.

-Inflamação : Resposta imunitária do organismo à agressão, caracterizada por vermelhidão, inchaço, calor e dor.

-Polarização de macrófagos   : Processo pelo qual os macrófagos adoptam diferentes fenótipos funcionais em resposta a estímulos específicos.

-NO (óxido nítrico) : Uma molécula de sinalização envolvida na regulação de vários processos biológicos, incluindo a vasodilatação e a resposta imunitária.

- Macrófagos : Células do sistema imunitário responsáveis pela fagocitose de agentes patogénicos e detritos celulares, bem como pela regulação da inflamação.

- Bioinorgânica: Ramo da química que estuda as interacções entre moléculas biológicas e elementos inorgânicos, como iões metálicos e nanopartículas.

- Nanopartículas funcionalizadas: Partículas nanométricas modificadas com moléculas específicas para atingir seletivamente células ou tecidos específicos do corpo.

- NO (Óxido Nítrico): Um importante gás de sinalização envolvido na regulação de vários processos biológicos, incluindo a inflamação e a vasodilatação.

-        Artrite reumatoide: Doença inflamatória crónica autoimune que afecta as articulações, causando dor, inchaço e rigidez.

-        Doença de Crohn: Doença inflamatória crónica do intestino que pode afetar qualquer parte do trato gastrointestinal, causando sintomas como dor abdominal, diarreia e perda de peso.

Referências

1. Carpena, X., & Martínez, A. (2014). Papel dos metais de transição no mecanismo de ação dos derivados da porfirina na terapia fotodinâmica. Chemical Society Reviews, 43(15), 6763-778.

2. Crichton, R. R. (2016). Metabolismo do ferro: dos mecanismos moleculares às consequências clínicas. John Wiley & Sons.

3. Culotta, V. C., & Yang, M. (2000). Molecular biology of copper transport in yeast (Biologia molecular do transporte de cobre em leveduras). The Journal of nutrition, 130(Suppl 2S), 489S-491S.

4. McCord, J. M., & Fridovich, I. (1969). Superoxide dismutase: an enzymic function for erythrocuprein (hemocuprein). Journal of Biological Chemistry, 244(22), 6049-6055.

5. Sato, H., & Tanaka, T. (1990). Superóxido dismutase. Methods in enzymology, 186, 111-120.

6. Italiani, P., & Boraschi, D. (2014). De Monócitos a Macrófagos M1 / M2: Diferenciação Fenotípica vs. Funcional. Fronteiras em Imunologia, 5, 514.

7. Murray, P. J., Allen, J. E., Biswas, S. K., et al. (2014). Ativação e Polarização de Macrófagos: Nomenclatura e Directrizes Experimentais. Immunity, 41(1), 14-20.

8. Okabe, Y., & Medzhitov, R. (2016). Os sinais específicos do tecido controlam o programa reversível de localização e polarização funcional dos macrófagos. Cell, 157(4), 832-844.

9. Wynn, T. A., & Vannella, K. M. (2016). Macrófagos em reparo, regeneração e fibrose de tecidos. Immunity, 44(3), 450-462.

10. Zigmond, E., & Jung, S. (2013). Macrófagos intestinais: exceções bem educadas da regra. Tendências em Imunologia, 34(4), 162-168.

11. Gordon, S., & Taylor, P. R. (2005). Monocyte and macrophage heterogeneity. Nature Reviews Immunology, 5(12), 953-964.

12. Murray, P. J., Allen, J. E., Biswas, S. K., et al. (2014). Ativação e polarização de macrófagos: Nomenclatura e diretrizes experimentais. Immunity, 41(1), 14-20.

13. Sindrilaru, A., Peters, T., Wieschalka, S., et al. (2011). Uma população de macrófagos M1 pró-inflamatórios sem restrições induzida pelo ferro prejudica a cicatrização de feridas em humanos e ratos. Journal of Clinical Investigation, 121(3), 985-997.

14. Wynn, T. A., & Vannella, K. M. (2016). Macrófagos na reparação, regeneração e fibrose de tecidos. Immunity, 44(3), 450-462.

15. Zhang, Z., & Xu, X. (2012). Lactoferrina do colostro e do leite: Efeitos na produção de citocinas IL-16. Produção de citocinas IL-6 e TNF-α por macrófagos porcinos e suas vias de sinalização. International Immunopharmacology, 12(3), 605-614.

17. Andrews, N. C. (2008). Forjar um campo: a idade de ouro da biologia do ferro. Blood, 112(2), 219-230.

18. Eide, D. J. (2004). Zinc transporters and the cellular trafficking of zinc. Biochimica et Biophysica Ata (BBA)-Molecular Cell Research, 1742(1-3), 174-184.

19. Lutsenko, S., & Petris, M. J. (2003). Function and regulation of the mammalian copper-transporting ATPases: insights from biochemical and cell biological approaches. The Journal of Membrane Biology, 191(1), 1-12.

20. Michalopoulos, G. K., & DeFrances, M. C. (1997). Liver regeneration. Science, 276(5309), 60-66.

21. Subramanian Vignesh, K., & Deepe Jr, G. S. (2016). Orquestração imunológica da homeostase do zinco: a batalha entre os mecanismos do hospedeiro e as defesas do patógeno. Archivum Immunologiae et Therapiae Experimentalis, 64(3), 193-211.

22. Wessling-Resnick, M. (2006). Iron homeostasis and the inflammatory response. Revisão Anual de Nutrição, 26, 69-85.

23. Zhang, J., Yang, C., & Liu, X. (2021). Abordagens de química bioinorgânica para atingir macrófagos em doenças inflamatórias. Fronteiras da Química Inorgânica, 8 (18), 4081-4096. DOI: 10.1039/d1qi00604a

24. Jain, S., Misra, R., & Vyas, S. P. (2010). Nanotecnologia: uma ferramenta potencial para melhorar a atual terapia anti-TB. Current Drug Delivery, 7(3), 227-237. DOI: 10.2174/156720110791233772

25. Murray, P. J. (2017). Polarização de macrófagos. Revisão Anual de Fisiologia, 79, 541-566. DOI: 10.1146/annurev-physiol-022516-034339

26. Ridker, P. M., Everett, B. M., Thuren, T., et al. (2017). Terapia antiinflamatória com Canakinumab para doença aterosclerótica. New England Journal of Medicine, 377(12), 1119-1131. DOI: 10.1056/NEJMoa1707914

27. Mantovani, A., Sica, A., Sozzani, S., et al. (2004). The Chemokine System in Diverse Forms of Macrophage Activation and Polarization (O Sistema de Quimiocinas em Diversas Formas de

Ativação e Polarização de Macrófagos). Tendências em Imunologia, 25(12), 677-686. DOI: 10.1016/j.it.2004.09.015

28. Adams, D. O. (2009). The biology of the granuloma in Crohn's disease (A biologia do granuloma na doença de Crohn). Journal of Leukocyte Biology, 85(1), 45-52. https://doi.org/10.1189/jlb.0708447

29 Banchereau, J., & Steinman, R. M. (1998). Dendritic cells and the control of immunity (Células dendríticas e o controlo da imunidade). Nature, 392(6673), 245-252. https://doi.org/10.1038/32588

30. Han, J., Zern, B. J., Shuvaev, V. V., & Davies, P. F. (2015). Modulação da inflamação vascular por modificações de superfície em nanoescala de stents. ACS Nano, 9(1), 167-174. https://doi.org/10.1021/nn5059346

31 Murray, P. J., Allen, J. E., Biswas, S. K., Fisher, E. A., Gilroy, D. W., Goerdt, S., Gordon, S., Hamilton, J. A., Ivashkiv, L. B., Lawrence, T., Locati, M., Mantovani, A., Martinez, F. O., Mege, J.-L., Mosser, D. M., Natoli, G., Saeij, J. P., Schultze, J. L., Shirey, K. A., ... Wynn, T. A. (2014). Ativação e polarização de macrófagos: nomenclatura e diretrizes experimentais. Immunity, 41(1), 14-20. https://doi.org/10.1016/j.immuni.2014.06.008

32.   Scott, M. J., & Billiar, T. R. (2008). β-Glucan Activation and Polymicrobial Sepsis: Regulatory Mechanisms and Therapeutic Opportunities. Journal of Leukocyte Biology, 84(3), 682-692. https://doi.org/10.1189/jlb.0208101

Buy your books fast and straightforward online - at one of world's fastest growing online book stores! Environmentally sound due to Print-on-Demand technologies.

Buy your books online at
www.morebooks.shop

Compre os seus livros mais rápido e diretamente na internet, em uma das livrarias on-line com o maior crescimento no mundo! Produção que protege o meio ambiente através das tecnologias de impressão sob demanda.

Compre os seus livros on-line em
www.morebooks.shop

Printed by Books on Demand GmbH, Norderstedt / Germany